深不可测的水生动物

张辰亮 著 单菁菁等 绘

天地出版社 | TIANDI PRESS

我是一名科普工作者，经常在微博上回答网友提的关于花鸟鱼虫的问题，很多人叫我“博物达人”。我得了这个称呼，自然就常有人问我：“博物到底是什么呢？”

博物学是欧洲人在刚刚用现代科学视角看世界时产生的一门综合性的学问。当时的人们急切地想探知万物间的联系，于是收集标本、建立温室、绘制图谱、观察习性，这些都算博物学。博物学和自然关系密切，又简单易行，普通人也可以参与其中，所以曾经引发了欧洲的“博物热”。博物学为现代自然科学打下了根基。比如，达尔文就是一位博物学家，他通过对鸟兽的观察、研究，提出了“进化论”。“进化论”影响了人类数百年。

科学发展到现在，已经非常复杂高端，博物学在科学界也已经完成了历史使命，但博物学本身并没有消失。我们普通人往往觉得科学有点儿高端，和生活有点儿脱节。但博物学不一样，它关注的是我们生活中能见到、听到、感受到的事物，它是通俗的、有趣的，和自然直接接触的，这使它成为民众接触科学的最好途径。

博物学是孩子最好的自然老师。

我做了近十年的科普工作，现在也有了女儿，当她开始认识世界，对什么都好奇时，每次她问我“这是什么？”的时候，我就在想：她马上要听到她一生中这个问题的第一个答案！我应该怎么说，才能既保证准确、不糊弄孩子，也能让孩子听懂呢？

我不禁回想起当我还是一个孩子的时候，我的家长是怎样回答我的问题的。

在我小时候的一个冬天，我踩着雪去幼儿园，路上我问我妈：“我们踩在雪上，为什么会发出嘎吱嘎吱的响声？”我妈说：“因为雪里有好多钉子。”到了夏天，我又问我妈：“打雷是怎么回事呢？”我妈告诉我：“两片云彩撞一块儿了，咣咣的。”

这两个解释留给我的印象极深，哪怕后来学到了正确的、科学的解释，这两个答案还是在我的脑中挥之不去。

我想这说明了两件事。

第一，童年得到的知识，无论对错，给人留的印象最深。如果首次得到的是错误答案，以后就要花很大精力更正它。如果第一次得到的是正确的知识，并由此引发兴趣，能够探究、学习下去，将受益终生。所以让孩子接触到正确的知识很重要。

第二，这两个问题的答案实在太通俗、太有趣了，所以我一下就记住了。如果我妈当时跟我说了一堆公式，我肯定早就忘了，也不会对自然产生持续的兴趣。所以，将知识用合适的方式讲给孩子也很重要。

这些年我在微博上天天科普，回答网友的问题，知道大家对什么最感兴趣。我还多次去全国各地给孩子们做科普讲座，当面听到过无数孩子的提问，对孩子脑袋里的东西也有一定的了解。

我一直在整理我认为最贴近孩子生活、对孩子最有用的问题的资料。最近，我觉得可以把这些问题的答案分享给更多的孩子和家长了，于是我就在喜马拉雅上开了一门课程——《给孩子的博物启蒙课》。

这门课程一共分为六个主题模块，分别是花草树木、陆地动物、水生动物、鸟类、昆虫、身边自然，涵盖了植物、动物、进化、天文、地理、物理等方面的知识，选取的内容都是日常身边能见到，孩子们能感知的事物。这 60 期课程的主题也都是孩子们感兴趣的话题，想必里面的不少内容，孩子们都问过家长，如果家长不知道怎样回答孩子，就让他们听我讲吧！

我希望这门课程不但能使孩子们获得知识，而且能让他们用正确的态度对待自然。如果它还能让孩子对大自然和科学产生好奇，进而有更多独立的思考和探究，就更好了。

音频课播完后，我本来以为完成“任务”了，可很多家长和孩子都问：“开不开第二季？”看来大家挺爱听！我在欣慰的同时又有点儿犯难：录制这套课程非常耗费时间和精力，我还没有下定决心开第二季。好在已录制的部分可以全部出成书，听完课没记住内容的话，可以翻翻书，书中配有大量图片，看书也更直观。看完这本书，希望你能被我带进博物学的大门，养成认真看书、独立思考、善于野外观察的好习惯，成为一名大自然的热爱者、研究者和保护者。

目录

深不可测的水生动物

什么鱼适合小朋友养呢？

比起手机、平板电脑等电子设备，我认为，花鸟鱼虫才是小朋友最好的玩伴。花鸟市场里有很多的小动物、小植物，有的花鸟市场的生物种类甚至比动物园、植物园里的还要丰富。花鸟市场里有专门卖观赏鱼的区域，你会发现有很多小朋友都喜欢在那里看鱼。我小时候也很喜欢看鱼，觉得在那儿玩比玩电子游戏有意思。

可小朋友缠着父母买了几条观赏鱼之后，常常出现这种情况：养了没几天鱼就死了，小朋友看到鱼死了，非常难过。

小朋友养什么鱼最容易活，而且又有趣呢？

我给你推荐几种适合新手养的鱼。如果你能把这几种鱼养好，就算入门了。

第一种，孔雀鱼。为什么叫孔雀鱼呢？因为雄孔雀鱼长着特别大的尾巴，尾巴上有各种各样的花纹，看上去就像雄孔雀的大尾巴，而雌孔雀鱼和雌孔雀一样都没有大尾巴。

其实，最初野生的雄孔雀鱼并没有这种大尾巴，人们从

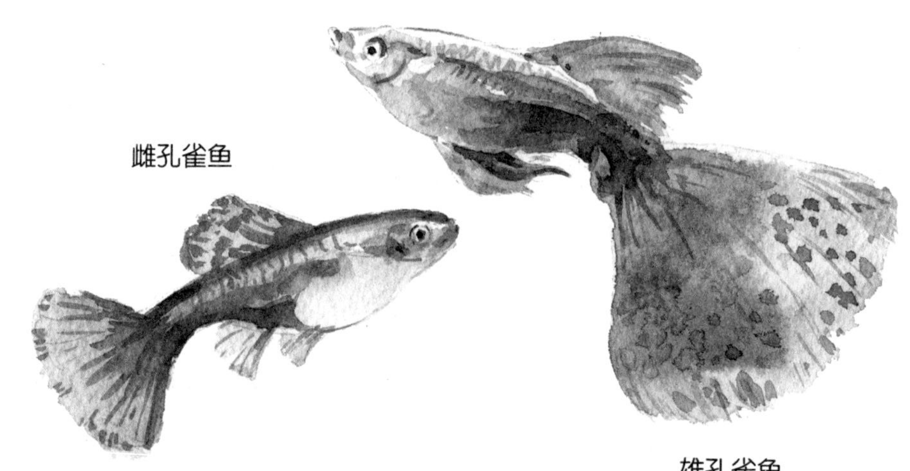

野生孔雀鱼里挑出最漂亮的鱼一代又一代进行培育，才培育出了有漂亮的大尾巴的品种。金鱼也是用这种方法培育出来的。

孔雀鱼身子很小，尾巴非常大，全身都有很多漂亮的花纹。这些花纹能反光，有金属光泽，在特定的条件下，比如有灯光或者太阳光照射时，你会发现它身上会闪现出一些蓝色、红色或绿色的光，它一扭身换个角度，这些光就消失了，非常有意思。

孔雀鱼被培育出了很多品种。纯种的孔雀鱼价格贵，你没有必要买纯种的，可以买便宜的孔雀鱼来养。它们不是纯种孔雀鱼交配之后生出的纯种鱼，而是纯种孔雀鱼交配之后生出的一些杂色鱼。这些鱼在专业养鱼爱好者眼里属于不太

好的鱼，不过它们只是在审美上不符合专业养鱼爱好者的要求，鱼本身是没有问题的。而且我觉得这些所谓的“低档”孔雀鱼反而更好看，因为它们身上的颜色更多，高档的孔雀鱼身上可能只有两三种颜色。普通孔雀鱼身上颜色多，而且还便宜，所以我们去花鸟市场的话，买最便宜的孔雀鱼就行。

买鱼的时候你要注意，尽管雌孔雀鱼没有雄孔雀鱼漂亮，肚子又很大，但是我还是建议你买一些雌鱼。你可以跟老板说：“您给我挑几条雄孔雀鱼，也给我挑几条雌孔雀鱼。”这样你拿回家之后，把它们放在一起养，雄鱼和雌鱼会交配，不久之后，雌孔雀鱼会直接生出小鱼。

卵胎生是孔雀鱼的一个特点，它不像其他大部分鱼一样，把卵产在体外，而是留在雌鱼的肚子里，卵在鱼肚子里发育成小鱼后，雌鱼再把小鱼生出来。看上去，就像雌鱼直接生出很多小鱼一样，小鱼一出生就会游，成活率非常高。

但是小鱼出生之后很容易被大鱼吃掉，你可以买一个孔雀鱼孵化盒，让小鱼游进去躲起来，跟大鱼隔离开。如果你

鱼缸中的孔雀鱼

嫌麻烦的话，也可以在水面放一些金鱼藻、浮萍等漂浮类水草，让小鱼躲在里面，它们就不会被大鱼吃掉了。

你只要把雌雄两种鱼放在一起，过段时间就会发现鱼缸里多了一些小鱼苗，买三四对孔雀鱼，养得好的话，一年之后就能变成好几十条孔雀鱼了！

养鱼时一般需要一个过滤器，过滤器可以把水里的脏东西吸进去，让脏东西留在过滤器里，保持水体洁净。很多鱼都需要过滤器，但孔雀鱼没有它也可以，孔雀鱼只需要一个玻璃缸。

如果你养荷花，会发现养荷花的大盆里经常会长一些蚊子的幼虫——孑孓（jié jué），俗称跟头虫。它们在水里经常像翻跟头一样来回扭动，这让人很头疼。你可以放几对孔雀鱼进去，孔雀鱼在缸里繁殖，生出很多小鱼来，同时也会吃掉蚊子的幼虫，因此能消灭很多蚊子。

孔雀鱼的饲养条件非常简单，只需要一个装满水的鱼缸，隔半个月或一周换一次水就可以了。换水的时候，不要把所有的水都倒掉，用一根小管子抽出 1/3 的水，顺便把缸底的鱼粪便吸走，然后再倒进 1/3 的新鲜水就可以了。另外鱼缸最好放在光线好的地方或者给它加一个灯，因为有光线的话，孔雀鱼会更漂亮。

第二种适合小朋友养的鱼是斑马鱼。斑马鱼身上有条纹，像斑马一样。它是生物学实验室里常见的实验生物，常被用来做各种各样的生物学实验，就像小白鼠一样。因为斑马鱼的繁殖速度很快，长得也很快，所以在它们身上做实验，很快就能看到效果。实验生物一般都很好养，斑马鱼就特别好养。

斑马鱼最开始仅仅是用作科学实验，后来人们发现它如此好养，于是就把它放到花鸟市场上卖。现在花鸟市场上有一种浑身荧光粉色的斑马鱼，这是科研人员用转基因的方法将水母或珊瑚的荧光基因转到斑马鱼体内，让斑马鱼变成了荧光粉色，特别漂亮。

斑马鱼的养法跟孔雀鱼是一样的，用一个小鱼缸就可以

斑马鱼

了，鱼的数量不要太多，不要让它们密密麻麻地挤在一起，一个边长 20 厘米的鱼缸里养四五条斑马鱼就可以了。

第三种适合小朋友养的鱼是泰国斗鱼。在花鸟市场能看到很多店里都摆着一个个的小杯子，杯子上面都盖着盖子，里面放着一条鱼；鱼的颜色有蓝色、红色、黑色等多种色彩，它们都静静地待在杯子里，也不爱游动；它们的鳍特别长，一游起来，鳍就像丝绸一样来回漂动，特别漂亮，这就是泰国斗鱼。泰国斗鱼原产于泰国，本来野生斗鱼的鳍很短，后来人们把它的鳍培育得很长，这样鱼游起来很漂亮，有点儿像中国的金鱼。

为什么泰国斗鱼都单独放在小杯子里呢？

首先，因为泰国斗鱼并不需要很多水。泰国斗鱼属于迷鳃鱼，它的鳃跟其他鱼的鳃不一样，里边有像迷宫一样的结构，可以直接呼吸空气，不用像其他鱼一样必须从水里获得氧气。它直接用嘴碰到水面，吸一口空气，就可以把里边的氧气过滤出来。所以只要小杯子里有一点儿水，就足够它生存了。商家把泰国斗鱼放在杯子里是为了方便运输。

其次，两条及以上的泰国斗鱼不能养在一起。斗鱼，顾名思义，它特别擅长搏斗，脾气特别暴躁。现在市场上卖的泰国斗鱼都是雄鱼（因为雌鱼不好看），只要两条雄鱼碰到一起，就一定会打架，甚至会把对方的鳍咬坏，所以一定要分开养。你买回去之后，把它从小杯子里拿出来，放在一个比杯子大的鱼缸里就可以。

泰国斗鱼也不需要过滤器。泰国斗鱼特别喜欢安静的水，如果有过滤器的话，会产生水流，对泰国斗鱼产生一定影响。

你还可以把两条泰国斗鱼分别放在两个鱼缸里，然后把

泰国斗鱼

两个鱼缸放在一起。两个鱼缸里的泰国斗鱼透过玻璃能看见彼此，但是互相又咬不到。这会激发它们的斗志，它们会隔着玻璃向对方示威，把身上的鳍全都展开，就像孔雀开屏一样，非常华丽。这样，鱼是安全的，而你也可以欣赏到泰国斗鱼最漂亮的样子。

养泰国斗鱼还要注意一点：鱼缸一定要有盖子。因为它们斗志很强，很容易就会从水里跳出来，跳出来后如果没有及时被发现，就会干死。所以你一定要记得，给鱼缸加一个盖子。

我的自然观察笔记

小朋友，你最喜欢什么鱼呢？试着在下方空白处将它画出来吧！

章鱼、乌贼和鱿鱼，比比谁腿多？

我们在饭馆、菜市场经常会看到乌贼、鱿鱼和章鱼。它们看上去有点儿像，但是你可不要以为它们都是一样的，其实它们属于不同的种群。

这三类动物都属于一个大类——头足类动物。它们的脑袋上都长着很多肉须子，看上去就好像它们的脚一样，其实那不是真正的脚，不过也能发挥脚的一些作用。比如章鱼会用它的肉须子在海底走路，这看上去就像头上长了很多脚一样，所以叫这类动物为头足类动物。这些肉须子，科学家把它们叫作“腕”。

头足类动物又属于一个更大的类——软体动物。软体动物里有什么呢？有蜗牛、海螺、扇贝、蛤蜊等。跟这些动物一比，你是不是觉得头足类动物特别神奇？蛤蜊、扇贝、海螺等似乎没有灵魂，只是壳里有一堆肉。蜗牛稍微好一点儿，长了两根小触角，但看起来也是傻乎乎的。

乌贼、章鱼和鱿鱼就不一样了，它们有两只明亮的大眼睛，在海里游得飞快，还会抓鱼吃。它们的活体特别漂亮，

章鱼

还会根据环境改变身体的颜色。其中章鱼的智商较高，甚至可以破解人类给它出的一些简单的题。所以，我一直觉得头足类动物是软体动物里非常神奇的一类，和它那些傻乎乎的亲戚们一点儿都不一样。

乌贼、鱿鱼和章鱼怎么区分呢？

在这三种头足类动物中，章鱼是最好认的，它有两个特点是乌贼和鱿鱼都没有的。

第一，章鱼只有八条腕，所以章鱼也叫“八爪鱼”。乌贼和鱿鱼不是八条腕。你看到头足类动物，可以数一数它们有几条腕，如果是八条腕，那就是章鱼。

第二，章鱼的身体光溜溜的，像一个大光头，上面没有任何的鳍。通过这个特点也能立刻把它区分出来，乌贼和鱿鱼的身体上都是有鳍的。

那么，乌贼和鱿鱼怎么区分呢？

我们先看看它们的腕，乌贼和鱿鱼都有十条腕，比章鱼多两条，其中八条腕跟章鱼的差不多，多出的两条腕叫触腕，触腕比其他八条腕长很多。乌贼就是用两条长长的触腕来抓小鱼的。这两条触腕就像人的胳膊一样，乌贼先看准小鱼，慢慢地往前伸出触腕，接着突然伸长，勒住小鱼拉回来，其余八条腕协助触腕一起勒住小鱼。

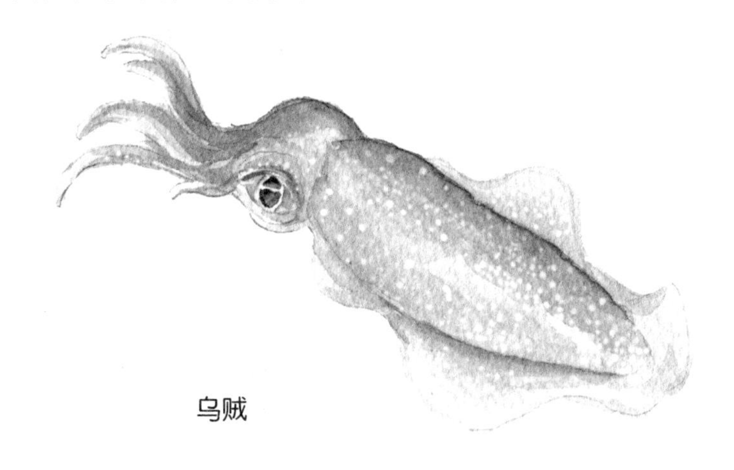
乌贼

乌贼和鱿鱼都有两条触腕，因此我们光看腕是区分不出它们来的。那怎么区分呢？我们要看它们的鳍，鳍是它们的运动器官。乌贼的鳍几乎绕身体一周。市场上如果有活乌贼，你可以观察一下，鳍在乌贼身体边缘像波浪一样不停地摆动。鱿鱼的鳍在身体末端，一左一右有两片大鳍，看上去有点儿像箭头，还像我国古代红缨枪的枪头。所以，鱿鱼又被称为“枪乌贼”。

有的小朋友可能在影视作品中见过这样的画面：一头抹香鲸跟一只大王乌贼搏斗。那么，大王乌贼到底是鱿鱼还是乌贼呢？

大王乌贼有十条腕，而且它的鳍在身体的末端，所以大王乌贼其实并不是乌贼，而是一种鱿鱼。它的正式名称其实叫大王鱿。

鱿鱼

除了可以通过外形来进行区分，我们在吃这三种动物的时候也可以分辨出它们是哪种头足类动物。

我们吃这三种动物的时候有时会吃到一些硬硬的东西。比如，在吃乌贼的时候我们会发现乌贼身体里有一块白色的、像鞋底一样的骨头。这块骨头厚厚的，用手一抠，就会掉下白粉末，这其实是乌贼的内壳。

乌贼的祖先像海螺一样，体外有一个壳，肉是藏在壳里的，只有头部露在外面。后来为了方便游泳，乌贼的外壳退化了，藏进身体里，就变成了内壳。

鱿鱼也有内壳，它的内壳是什么样的呢？我们吃鱿鱼的时候，偶尔会被什么东西硌到牙，然后能抽出来像塑料片一样的东西。有些人以为这是塑料，其实这就是鱿鱼的内壳。鱿鱼的壳比乌贼的壳退化程度更高，乌贼内壳还是一块厚厚的东西，而鱿鱼内壳就和透明的塑料片差不多了。

章鱼的壳则已经完全退化了。我们吃章鱼的时候，吃不到壳。

这是如何通过内壳来区分乌贼、鱿鱼和章鱼三类动物的方法。头足类动物不是只有这三类动物，它们只是我们日常

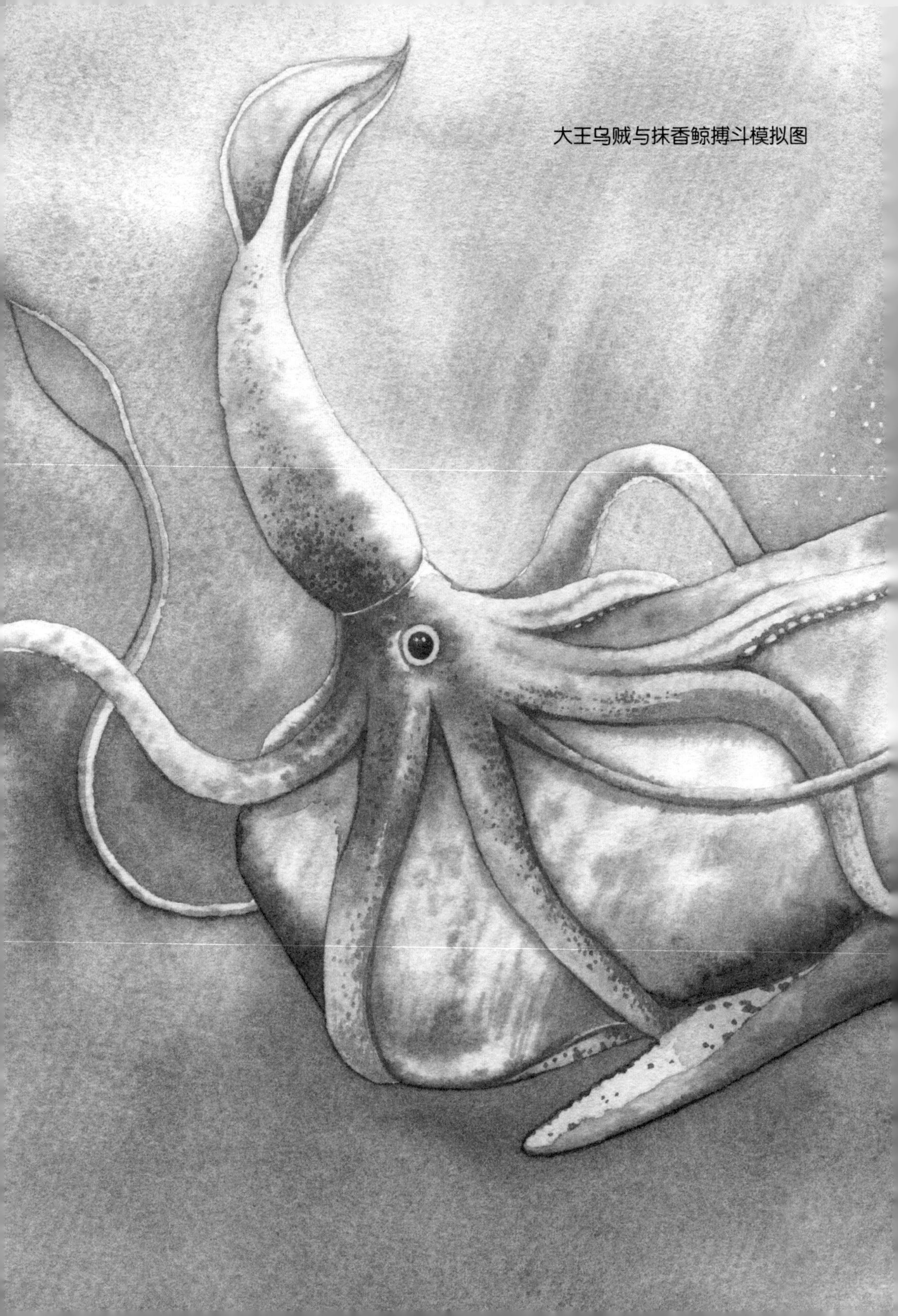
大王乌贼与抹香鲸搏斗模拟图

生活中最常见的。头足类动物还有哪些呢？

我们在海洋馆里可以看到鹦鹉螺，它是一种非常古老的头足类动物，还保留着头足类动物祖先的样子。它的壳还没有退化，就像一个大蜗牛壳。

鹦鹉螺

还有其他的一些类群，比如旋壳乌贼、幽灵蛸等，不过这些名字你记不住也没关系。你只需知道头足类动物是一个很庞大的家族，不是只有乌贼、鱿鱼和章鱼就行了。你能准确区分章鱼、乌贼和鱿鱼，就已经相当厉害了。

我的自然观察笔记

小朋友，通过阅读本节内容，你能分清章鱼、乌贼和鱿鱼了吗？那么，下次在超市或水族馆里见到它们时，请仔细观察，并为家人讲讲它们的不同之处。

回家后，在下方空白处将你观察到的内容记录下来吧！

我们还能吃到鳗鱼饭吗?

小朋友，你喜欢吃鳗鱼饭吗？

2018年，有人发了一条微博，说他了解到鳗鱼已经被吃到濒危，即将灭绝。为此他很震惊，觉得自己吃过鳗鱼饭，就是灭绝鳗鱼的“帮凶”，所以他感觉非常对不起鳗鱼。这件事在当时引发了大规模的讨论，很多人都很惊讶：鳗鱼真的已经这么少了吗？下面我给大家介绍一下鳗鱼的生存状态，探讨一下我们还应不应该继续吃鳗鱼。

首先，鳗鱼确实已经是濒危物种了。世界上有两种主要的食用鳗鱼，一种是日本鳗鲡，一种是欧洲鳗鲡。日本鳗鲡主要分布在东亚地区，欧洲鳗鲡主要分布在欧洲。日本鳗鲡已经被世界自然保护联盟列为濒危级别，而欧洲鳗鲡被列为极危级别，比日本鳗鲡更加濒危。极危之后的级别就是野外灭绝，所以极危已经是相当严重的级别了。

既然这两种鳗鱼已经这么少了，那为什么很多餐厅还在卖鳗鱼饭？究竟是什么原因造成了鳗鱼的濒危呢？

首先，宣布鳗鱼濒危的世界自然保护联盟没有法律效力，它只能宣布哪种动物濒危，但不能禁止动物买卖。所以日本鳗鲡虽然濒危，但捕捞、买卖都是合法的。这就是为什么餐厅里还在卖鳗鱼。我们吃到的所有鳗鱼全都来自野外，其中极少一部分鳗鱼是直接捕捞的野生成年鳗鱼，绝大部分是人们在野外打捞到鳗鱼苗后在池塘中人工养殖的。

以日本鳗鲡为例，我们来了解一下鳗鱼的一生。日本鳗鲡的成年个体生活在河里，但它不在河里产卵，而是要游到海里一个特定的地方产卵。什么地方呢？就是马里亚纳群岛附近海域。马里亚纳群岛有地球上最深的地方——马里亚纳海沟，还有一个旅游胜地——塞班岛。日本鳗鲡就要一直游到马里亚纳群岛附近海域产卵，卵在海里孵化成小鳗鱼之后，小鳗鱼再往回游到中国和日本的淡水河流里，这个过程在科学上叫作“洄游”。科学家至今也没有弄明白，日本鳗鲡为什么要游到那么远的地方去产卵。

当鳗鱼宝宝们刚要从海里进入河流里时，渔民就会守在河流入海口的地方，把鳗鱼苗捞上来，放到池塘里养大。我

们吃到的鳗鱼基本上都是这样获得的。

这时候你肯定会问：为什么我们不能人工繁殖鳗鱼，让鳗鱼在池塘里产卵，然后孵化成小鱼呢？这样就不用再去打捞野生鳗鱼了。其实鳗鱼养殖从业者也想这样做，但鳗鱼苗特别不好养。鳗鱼从卵里孵化出来后，会有一个关键的时期——“柳叶鳗”期。这个时期的小鳗鱼全身透明，像纸片那样薄，形状像柳树叶，所以叫“柳叶鳗”。

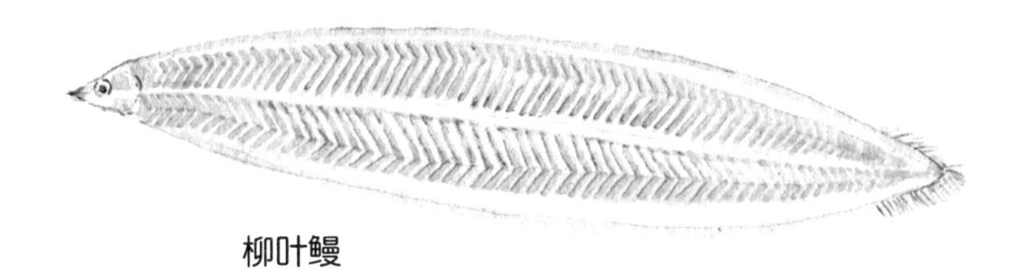

柳叶鳗

人们在人工繁殖鳗鱼的时候发现，所有的小鳗鱼都在这个阶段死了。为什么呢？因为它们在人工环境里什么都不吃，饿死了。因此，人工繁殖鳗鱼一直没有成功。

不过，人们没有放弃，一直在尝试各种办法。日本科学家从大海里捞回柳叶鳗，解剖它的肚子，想知道柳叶鳗在海里吃什么，然后就在池塘里喂什么。

科学家解剖出了一种叫“海雪”的东西。海雪并不是真正的雪，而是由海里的一些活的有机体和微小的死亡有机物结合而成的东西，有点儿像灰尘团或头皮屑。我们在海洋纪录片里常看到，深海探测器在深海里用灯光一照，海水里弥漫着很多像雪一样的碎屑，那就是海雪。柳叶鳗吃的就是它们。

人工怎么模拟海雪呢？人们做了各种各样的尝试，最后找到了一种方法：先把鲨鱼的卵打成粉，然后调制成像牙膏一样的膏状物，小鳗鱼刚孵化出来时先喂它鲨鱼卵膏，过一段时间在软膏里加入一些大豆提取物和磷虾提取液，再过几天再加入一些复合维生素和复合矿物质。结果小鳗鱼真的存活了下来！这代表饲料研制成功了。过了这一关，柳叶鳗就能顺利地成长，最后变成大鳗鱼。

但是这种饲料对技术的要求非常高，目前只能在实验室里完成制作，要花费很多钱，所以用这种饲料养出来的鳗鱼价格非常高。我们现在在市场上买到的鳗鱼，依然是从野外捕捞到鱼苗，然后人工养殖长大的。

目前，日本鳗鲡虽然被列为濒危物种，但人们还是可以合法捕捞它们。不过具有法律效力的《华盛顿公约》（*Convention on International Trade in Endangered Species of Wild Fauna and Flora*，*CITES*，全称是《濒危野生动植物种国际贸易公约》）缔约国已经注意到了日本鳗鲡，想把它列入《华盛顿公约》附录二。一旦日本鳗鲡被列入这个名单，人们就不能在国际间合法地买卖日本鳗鲡，我们就有可能吃不到日本鳗鲡了。

为了防止这种情况发生，日本、中国、韩国等国家都在积极保护日本鳗鲡。人们都做了哪些努力呢？

一是加大人工养殖的研究力度，让人工养殖的日本鳗鲡越来越便宜，最后让人们都买得起日本鳗鲡制品。二是尽量少捕捞野生的日本鳗鲡，更不要捕捞成年的日本鳗鲡，因为成年日本鳗鲡可以繁殖小鳗鱼，如果被吃掉就可惜了。

2018 年日本鳗鲡的捕获量只有 2017 年的 1%，也就是如

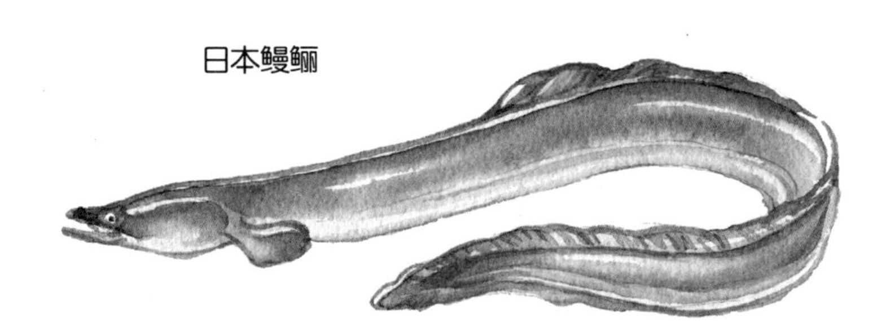

日本鳗鲡

果 2017 年捕获了 100 条日本鳗鲡，2018 年只捕获了 1 条。日本鳗鲡的生存现状是非常严峻的。但是大家同时也要了解，日本鳗鲡也不是像微博上所说的马上就要灭绝了。

在日本鳗鲡被拯救回来之前，我们还能不能吃日本鳗鲡呢？日本有一位日本鳗鲡专家——冢本胜，他建议日本人珍惜日本鳗鲡，节制食用日本鳗鲡，最好在一年当中值得庆贺的日子才吃。鳗鱼在日本饮食文化里占有很重要的地位，要让日本人完全不吃鳗鱼是不现实的。而对中国人来说，日本鳗鲡本来就是可吃可不吃的食物，如果你想为拯救日本鳗鲡做一些事情，那就可以先不吃日本鳗鲡，等以后日本鳗鲡数量恢复到正常值再去吃。这样也是为保护环境、保护濒危物种做贡献。

我的自然观察笔记

小朋友，在水族馆看到鳗鱼的时候，请仔细观察，看看它的大小、颜色、形态。

观察完毕后，请在下方空白处将你看到的鳗鱼画出来吧！

公园池塘里的鱼是什么鱼？

小朋友去公园或者郊区玩的时候，总喜欢在池塘里捞鱼，能捞到各种各样的鱼，但是很少有小朋友能说出这些小鱼叫什么名字。下面我来为大家介绍几种池塘里较常见的原生的、本土的小鱼，有斗鱼、虾虎、鳑鲏（páng pí）等。

国斗是池塘里的小鱼中生命力最强的，为什么呢？

前面我们讲到了泰国斗鱼，是泰国的品种。我国也有斗鱼，俗称国斗。最常见的国斗有两种：一种是圆尾斗鱼，一种是叉尾斗鱼。圆尾斗鱼生活在北方，叉尾斗鱼生活在南方。它们的特点很明显，圆尾斗鱼的尾鳍是圆的，展开之后就像一把扇子；叉尾斗鱼的尾鳍分两个叉，有点儿像小燕子的尾巴。这两种斗鱼很好区分。

如果你捞到国斗，找一个干净的大玻璃瓶，装上水，把它放进去，每天喂它一点儿米饭粒，它就能活好长时间，因为它的生命力非常强，而且对水质的要求很低。另外，斗鱼喜欢安静的水，不喜欢流水，所以用一个小盆或者小瓶装水就行。别的鱼可能无法适应这样的环境，斗鱼反而很喜欢。

圆尾斗鱼和叉尾斗鱼都很漂亮，尤其是雄性斗鱼。国斗和泰国斗鱼一样，看见同类，就要打架。成年的雄性圆尾斗鱼在打架之前会先示威，把自己的尾鳍全部展开，像孔雀开屏一样。它的尾鳍展开之后很漂亮，上面有蓝色的小亮点，就像小星星一样。

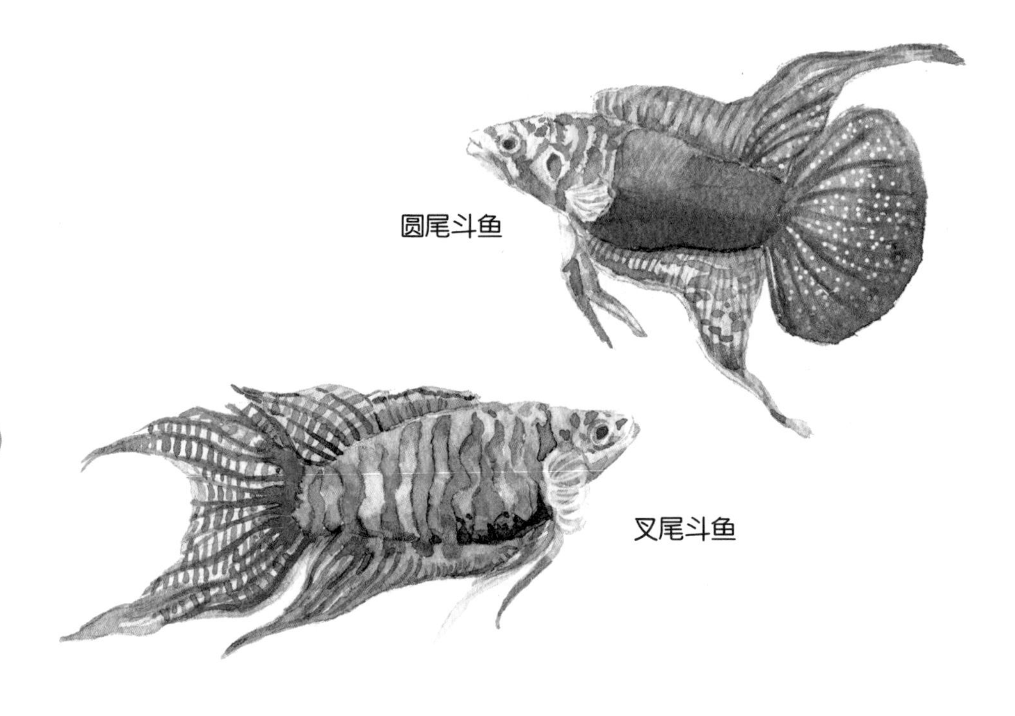

叉尾斗鱼的身上有黄色、蓝色的条纹，尾鳍上面也是黄色和蓝色相间的斑点，整个尾鳍展开之后就更漂亮了，尤其是尾鳍的两个叉，就像两根长长的丝带，特别飘逸。

你如果要养斗鱼的话，一个缸里最好只养一条，否则雄性斗鱼会经常打架，导致受伤甚至死亡。

虾虎为什么能趴在竖直的池壁上呢？

虾虎经常趴在池塘的底部或边缘。有些水泥砌的池塘，池壁垂直于地面，虾虎就吸在池壁上，好像它的肚子上有吸盘一样。

虾虎

虾虎的肚子上有一对腹鳍。很多鱼都有腹鳍，长在身体两侧。但是虾虎的两个腹鳍长在了一起，变成一个圆圆的、像吸盘一样的鳍。我们捏住虾虎，把它的鳍往竖直的地方或者石头上一摁，就能把虾虎吸在上面。

虾虎的腹鳍为什么会长成这样？因为很多虾虎喜欢待在流动的水里，为了不被水冲走，虾虎的腹鳍就进化成了小吸盘，吸盘可以把虾虎固定在石头上。如果你捞到虾虎，可以好好地观察一下它的鳍，鳍非常漂亮。

虾虎是很凶的鱼，喜欢吃虾，人们觉得这种虎头虎脑的鱼吃虾的样子就像老虎一样凶，所以就叫它“虾虎”。

此外，在遇到同类的时候，虾虎会张开大嘴，像是在怒吼，虽然没有声音，但是非常有趣。

鳑鲏还有“养母”？

南方的小朋友可能听说过鳑鲏，这个名字原本是俗名，但是现在鱼类学家已经把它作为这类鱼的正式名称了。

鳑鲏

鳑鲏也很好看，一些雄性鳑鲏身上会有闪闪发亮的红色、蓝色或黄色鳞片，所以它还有另一个俗名——“火鳞片”。

鳑鲏的繁殖过程非常有意思。在繁殖季节，雌鳑鲏肚子里会长出一根长长的管子，拖在身体后边，这是它的产卵管。雌鳑鲏为什么要长一根长管子呢？因为它要把卵产在河蚌的体内。我上大学时，有一次在学校的池塘捞到了一雄一雌两条鳑鲏，又捞到了一个活的河蚌，就把它们放在同一个鱼缸里。我发现雄鳑鲏和雌鳑鲏一直围着河蚌游，当河蚌的壳打开时，雌鳑鲏突然就把产卵管插到河蚌的鳃腔内，飞快地产卵，然后飞快地拔出来。如果它没有及时拔出来的话，河蚌受惊合上壳就会夹住产卵管。雄鳑鲏也趁机在河蚌附近喷射精子，当河蚌呼吸时，含有雄鳑鲏精子的水会被吸入鳃腔，鳑鲏的精卵得以结合。

之后，鳑鲏的鱼卵就在河蚌体内开始发育。等到这些卵长成小鱼的时候，小鱼就会从河蚌里游出来，河蚌就这样起到了保护鱼卵的作用。

当然，河蚌也不吃亏。在雌鳑鲏产卵的这一瞬间，河蚌也会把自己的幼虫喷在鳑鲏身上，让它帮自己传播幼虫。

我们在池塘看鱼的时候，还能看到一些细长的鱼，它们经常在荷叶或者水草之间三三两两地游来游去。这种景象经常出现在国画里，在齐白石先生的画中就很常见。这种细长的鱼可能是餐条鱼，也可能是麦穗鱼。餐条鱼个头儿比较大，身体银光闪闪的；麦穗鱼的个头儿小一点儿，身体侧面往往有两条黑线，花鸟市场就有卖，常被用来喂乌龟。

还有一些鱼，如食蚊鱼和罗非鱼，虽然很常见，但它们其实是外来入侵物种。

食蚊鱼本来是美洲的一种小鱼，中国为了防治蚊子，就

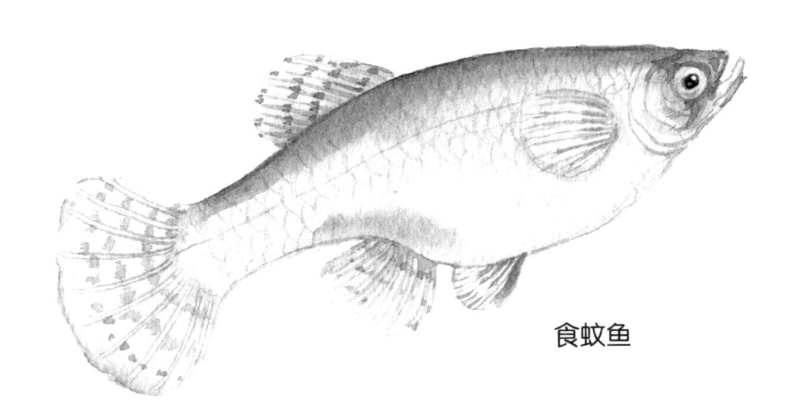
食蚊鱼

从美洲引进了这种鱼。光看名字就知道它喜欢吃蚊子，这很不错。人们在南方的池塘、河流里大量投放食蚊鱼，想让它吃蚊子，结果它吃蚊子的能力并没有想象中的那么强。而且它繁殖能力太强了，数量越来越多，把其他的鱼都挤得没有地方生活了。

还有一种更厉害的入侵物种——罗非鱼，在福建、广东、广西等地非常多。罗非鱼本来是非洲的鱼，后来作为一种食用鱼被引进到我国台湾。因为它易养活，生长快，肉又多，所以又被引进到内地。罗非鱼在江河里大量繁殖，南方的小

罗非鱼

河几乎全被罗非鱼占满了，而且越是又脏又臭的水里罗非鱼越多，因为它一点儿都不怕脏水。罗非鱼会吃掉本土鱼类的鱼卵和小鱼，也是一个危害非常严重的外来入侵物种。

我的自然观察笔记

小朋友，跟家人去公园玩的时候，观察一下池塘里的鱼，看看它们分别是什么鱼。

观察完毕后，请在下方空白处将它们画出来吧！

为什么淡水鱼到了海里活不了？

淡水鱼到了海水里能不能活呢？海水鱼到了淡水里能不能活呢？很多小朋友会说："那肯定都活不了。"可为什么活不了呢？很多人就答不上来了。而且你可能不知道，有一类鱼，比如大马哈鱼，它小时候是在大海里生活的，等它长大了要产卵的时候，又会从大海游到河里，也就是从海水游进淡水，那它为什么在淡水、海水里都能活呢？

首先，我们要了解一个关于水的常识：水分子会从低浓度的地方向高浓度的地方渗透。也就是说，如果某一区域的水含盐量高，很咸，而另一区域的水里没有那么多的盐，尝起来很淡，那么，当这两个区域的水碰到一起时，咸度低的水会纷纷流向咸度高的水那边，最后两边会达到同样的浓度。水分子的这个特性叫作渗透作用。

我再举一个例子，帮助你更形象地理解它。咸水中含有较多的盐分，水比较少，而淡水中只含有少量的盐分，水很多。一边的水特别少，一边的水特别多，就好像有两拨人分别站在两个操场上，其中一个操场上人很少，每个人都有一大片空间，很宽松，感觉很舒服。而另一个操场挤满了人，大家都特别难受。如果在这两个操场中间开一道门，人们可以互相走动，那么拥挤的操场里的人肯定愿意挪动到人少的这边，直到两边人数差不多。水也有同样的特性。因此水分含量高的淡水会向水分含量少的，也就是很咸的地方扩散。

水在鱼的身体里也遵循这个规律。如果你尝过海水，就知道海水特别咸。而你吃海水鱼，比如鲷（diāo）鱼、带鱼，会发现鱼肉并不咸。也就是说海水鱼体内的水比海水淡得多。海水里的盐分含量高，海水鱼体内的盐分含量低，按照水的渗透作用，海水鱼体内的水应该会不停地往外跑，扩散到大海里。最后，海水鱼会失水而死。为了阻止这种情况发生，海水鱼就需要不停地喝水来补充流失的水分。可它喝的是海水，越喝身体里的盐分就越多。怎样才能排出盐分，而把淡水留在体内呢？

海水鱼如何调节体内的水盐平衡呢?

海水鱼中，硬骨鱼和软骨鱼采取了两种不同的方法。

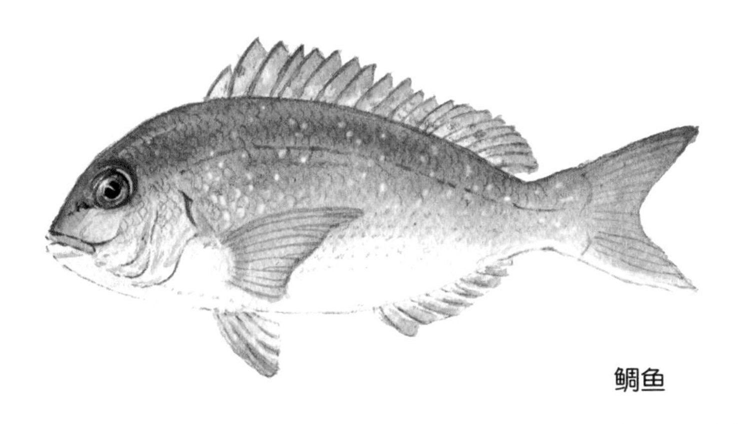

鲷鱼

什么是硬骨鱼呢？我们平时看到的大部分鱼都是硬骨鱼，它们的骨头很硬。海洋硬骨鱼的鳃上有一些细胞能把海水里的盐分分泌出去，只把淡水留在体内。这样，海水鱼喝进去的海水就变成了淡水。因此，虽然海水鱼体内的水不停地往外跑，但同时它又不停地喝进很多的淡水，这样就可以正常生活了。

软骨鱼就是鲨鱼、魟（hóng）鱼和鳐（yáo）鱼之类的鱼。魟鱼和鳐鱼的形状是菱形的大扁片，后边有细细的尾巴，看上去像菱形的大风筝。它们调节体内水盐平衡的方法不是喝水，而是提高体液浓度。它们在体内堆积了很多的尿素，这些尿素会让它们体内的液体浓度与海水浓度基本保持一致，甚至更高，这样，它们就不用大量喝水来补充体内的水分了。因此，我们吃这一类海水鱼的时候，经常感觉鱼肉有一股骚味，就是因为它们体内存在大量尿素。

魟鱼

淡水鱼怎么调节体内的液体浓度呢？

淡水鱼跟海水鱼正好相反，它们体内液体浓度比淡水要高，会导致淡水不断地进入它们的体内。身体里的水越来越

多，就像气球被吹得太大，理论上最后会被胀死。淡水鱼为了防止这一麻烦，会不停地排尿，用尿的形式把水排出去。所以鱼缸里的金鱼、鲤鱼其实都悄悄地在水里撒尿，只是你看不见罢了。淡水鱼把这些尿排出去之后，体内的水分含量会达到比较合适的水平。

这就是海水鱼和淡水鱼对环境的不同应对方法。有的海水鱼通过喝大量的水，把身体里的盐分分泌出去，留下淡水，以此来保证自己不会干死；有的则把自己体内的液体浓度升高，阻止体内的水扩散到大海中。而淡水鱼通过大量排尿把水分排出去，保证自己不被不停涌入体内的水胀死。

有一类鱼——广盐性鱼，它能适应的盐分范围特别广。所以，它既可以在海水里生活，也可以在淡水里生活。这类鱼一般生活在河流入海口，因为这个地方有淡水不停地流过来，而每当涨潮的时候也有海水流过来，所以这个区域的水一会儿咸一会儿淡。生活在这里的鱼就必须既适应淡水又适应海水，能灵活切换这两种模式。这样的鱼就叫作广盐性鱼。

大马哈鱼洄游

河流入海口的地方经常有涨潮落潮，淡水和海水交汇会形成很多气泡，看着就像汽水一样，所以这个区域里的鱼也叫汽水鱼。

我国南方的市场经常卖的金钱鱼就属于汽水鱼。它被捞上来之后，可以养在淡水里，也可以养在海水里。这是它的一个独特本领！

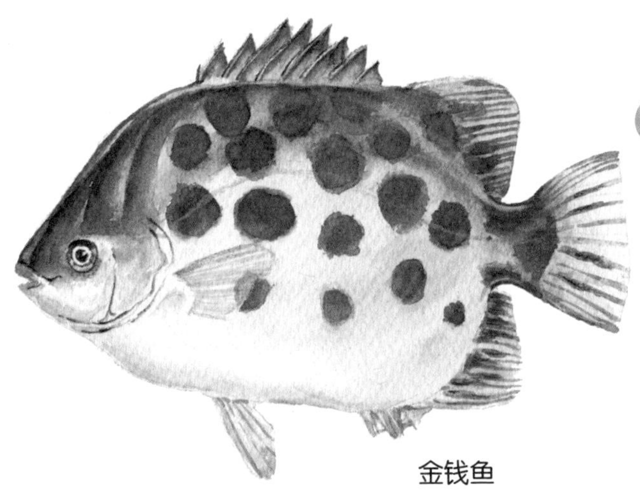
金钱鱼

小时候生活在海水里，长大进入淡水的鱼，它们和汽水鱼一样，也有切换的功能，只不过它切换得不那么灵活。汽水鱼能根据环境随时切换自己的模式，适应海水浓度的剧烈变化，而像大马哈鱼这种洄游性鱼类则需要慢慢调整。

洄游性鱼类小时候只能适应海水，等长大到一定程度，才能洄游到淡水里。在洄游过程中，它们的身体结构也开始

棕熊捕食洄游的大马哈鱼

发生变化，从而越来越适应淡水。等到进入淡水河流里的时候，它们的身体已经完全切换成淡水鱼的模式了。

洄游鱼身体结构的变化会使它们的肉的口感不同。一般来说，洄游鱼在海水里的时候比较难吃，洄游到淡水里之后口感会更好。

小朋友，请在下方空白处分别画出一种你知道的淡水鱼和海水鱼，并写出它们的名字吧！

鲸鱼喷的是水吗？

鲸鱼是哺乳动物，不是鱼，只是为了适应在水下的生活，外形变得跟鱼差不多了。鲸鱼没有鱼鳃，是直接用肺呼吸的，所以鲸鱼每隔一段时间就会到水面上用鼻孔直接呼吸空气。为了方便呼吸，在进化中它的鼻孔逐渐从嘴的尖端挪到了头顶，这样它只要头顶露出水面，就可以呼吸了。

鲸鱼在呼吸的时候，有一个典型行为，我们一般叫“喷水”。其实准确的说法应该是喷气，因为鲸鱼喷出来的主要是气体。

一些卡通画上画的是大鲸鱼在海面上喷水，很多小朋友看了，就以为鲸鱼真的是向天上喷出水柱。如果你看过鲸鱼呼吸的话，会发现它喷出的是水雾，是带有很多水珠的气体。

在古代，人类对鲸鱼喷出来的这些水有各种各样的认识。中世纪时欧洲的水手间流传着这样的传说：鲸鱼是一种很可怕的动物，它会游到船的附近，然后露出头来喷水，故意把水喷到船上，用水把船压沉或压翻；水手掉到大海里就会被鲸鱼吃掉。中世纪的航海图上经常画有鲸鱼朝船上喷水的画面，并且把鲸鱼画得特别凶，像妖怪一样。

鲸鱼喷水

但是，中国古代的水手间流传着相反的传说：海水被鲸鱼吞下去再从鼻孔里喷出来，会变成淡水，像泉水一样甘甜。因此，水手们遇到鲸鱼以后，不但不害怕，甚至还愿意离鲸鱼近一点儿，让鲸鱼把水喷到船上，抢着用盆接这些水，用作饮用水。

其实，这两种传说都没有科学依据。

鲸鱼喷出来的“水”里到底有什么呢?

鲸鱼喷出来的“水”里主要有三种物质。

第一种物质是鲸鱼体内的一些体液。鲸鱼的呼吸道会分泌一些黏液，它喷气的时候会把这些黏液喷出来。你可以理解成是鲸鱼的鼻涕和痰。

第二种物质是鲸鱼身体表面的一层海水。因为鲸鱼的鼻孔刚刚冒出海面就马上喷气，这个时候它的身体表面还有薄薄的一层海水没有流下去，而且它鼻孔里也存有一些海水，这些海水都会被喷到空中，这一点我们游泳的时候可能也有

体会。你游泳时可以试一下，用嘴换气的时候，不会只喷出气体，也会喷一些水珠，这就是身体表面的一层水膜被你呼出的气体喷出来了。

第三种物质是冷凝水。如果鲸鱼在很冷的情况下换气，它喷出来的热气遇到冷空气，就会凝结成小水滴。

鲸鱼喷出来的这三种物质混在一起，肯定不是淡水，而且里面还有鼻涕，肯定不好喝，所以中国水手接鲸鱼喷出的水喝，也肯定是谣传了。

欧洲水手间流传的传说也不可信。鲸鱼确实会接近人类的船只，但它不是为了吃人。鲸鱼的智商很高，好奇心非常强，它看到人类的船只后，有时会游过去，想看看这到底是什么东西。鲸鱼在船附近难免要呼吸换气，换气时喷出来的水雾就会落到船上。欧洲水手看到这么大的动物，还能喷出水来，就会害怕。其实，鲸鱼并没有伤人的意图，喷水也不是为了把船压翻，所以人类没有必要害怕。

鲸鱼喷出来的水雾还有一个作用，就是帮助我们判断鲸鱼的种类。鲸鱼很少露出海面，大多数时候我们只能看到它偶尔露出来的尾巴，或者看到它喷出来的水雾。

如何分辨鲸鱼的种类呢?

人类在海面上辨认鲸鱼的种类主要有两种方法，一种是看它尾巴的形状，一种是看它喷出来的水雾形状，其中又以观察水雾形状更常用。因为我们要离得很近才能看清鲸鱼的尾巴，而水雾喷得很高，我们离得很远也能看清。这种鉴别方法在几百年前就开始使用了。最早采用这个方法的是捕鲸人。早期欧洲捕鲸人会在桅杆的顶部挂一个小篮子，然后选一个人坐在小篮子里，看海面上有没有鲸鱼喷出来的水雾。有经验的捕鲸人能根据水雾的形状辨认出是哪种鲸鱼。

抹香鲸是当时人们经常捕捉的一种鲸鱼，它的水雾形状很独特。抹香鲸的祖先有两个鼻孔，但是在进化过程中，其中一个鼻孔封闭了，只能靠一个鼻孔来呼吸，所以它喷出来的水雾只有一股，而且是朝它游动的方向倾斜的。捕鲸人就

把抹香鲸喷出的水雾形容成一棵向前歪斜的棕榈树，“树干”朝哪边歪，就说明它正在往哪个方向游。捕鲸船就可以追过去了。

抹香鲸喷水

还有一种常被捕捞的鲸鱼——露脊鲸，喷出来的水雾就是两股，因为它的两个鼻孔都可以呼吸。而且两股水雾中左边的水雾会高于右边的水雾，这是露脊鲸的特点。

露脊鲸喷水

座头鲸喷水

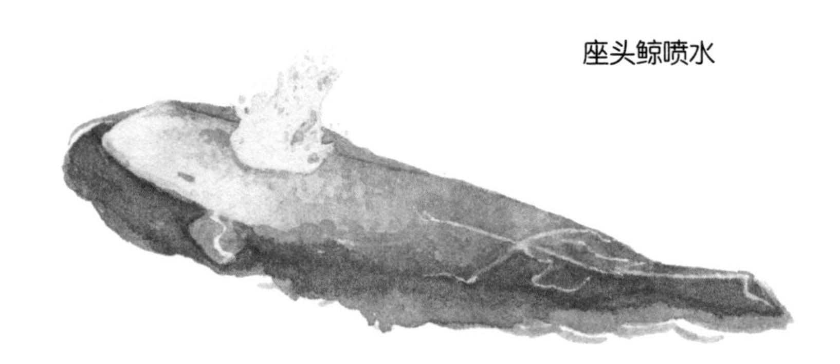

还有一种鲸鱼叫大翅鲸，又叫座头鲸。它的胸鳍比其他鲸鱼都大，像两个大翅膀一样。它喷出来的水雾就像一个灌木丛，比较低矮，没有明显的树干。

通过这些水雾的形状，我们可以判断出鲸鱼的种类。

现在很多国家已经禁止捕捉鲸鱼了，希望你平时能对鲸鱼多关注、关爱，运用所学的知识认识鲸鱼，保护鲸鱼。

我的自然观察笔记

小朋友，虽然在海洋馆很难看到大型鲸鱼，但有很多关于鲸鱼的优秀纪录片，如《深海》《鲸鱼的轨迹》等。通过观看这些纪录片，我们可以对鲸鱼有进一步的了解。

请和爸爸妈妈一起，选出一部你们都很感兴趣的纪录片观看。观看完毕后，请在下方简单地写一写自己的观后感吧！

海豹、海狮、海狗、海象怎么区分？

大家去动物园或者海洋馆，经常会看到海豹、海狮、海狗和海象，它们看起来长得都差不多。

这几类动物长得像是因为它们都是亲戚，它们以前都属于鳍脚目，因为它们的脚和鱼鳍差不多，适于游泳。但是人们经过研究发现，将它们划入鳍脚目不太科学，于是重新把它们划入食肉目犬形亚目，也就是说现在它们和狗、熊属于同一个家族了。

海狮、海豹、海狗和海象的祖先本来生活在陆地上，长得像狗或熊，你仔细观察会发现海豹和海狮的脑袋很像小狗的脑袋。后来它们逐渐转移到海里生活，于是变成了现在这个样子。

很多小朋友不知道怎么区分它们，下面就来讲讲如何区分这几种动物。

这四种动物中最好认的是哪种呢?

是海象。它像大象一样，有两颗长长的牙，从它的上颌往下长，一直长到胸前。这是海象最重要的特点。海狮、海狗和海豹都没有这种长牙。另外，海象嘴上的须子特别长、特别密，仿佛长了一脸的络腮胡子，有点儿像《水浒传》里的鲁智深，这也是海象的特点。

海象

海象的两颗牙用处很多，除了在打斗时用作武器，有时海象还会用牙把埋在泥沙里的小螃蟹、小贝壳挖出来吃，有时候海象想从海里爬到陆地或浮冰上，也会把牙当成拐棍插在地上或冰上。

怎么辨认海豹呢？

海豹最大的特点是它没有耳朵。这里说的耳朵，医学上

叫耳郭，就是耳朵眼外面那片小勺子一样的软骨。海豹耳朵的位置上只有两个小孔，科学上叫耳孔。而海狮和海狗就有两只突出来的小耳朵，你仔细观察它们的头就能认出海豹。如果我们离得太远，看不清楚它有没有耳朵，怎么辨认呢？

海豹还有一个特点，就是它的后腿不能辅助走路，在陆地上它只能用前腿撑着，像虫子一样蠕动前进。在进化过程中，海豹的两条后腿逐渐挪到了屁股上，在水里它们就像船舵一样，能让海豹游得飞快。但是上岸之后，海豹的后腿没办法往前弯曲。你可以趴在床上试试，两条腿并拢伸直，脚尖朝后，往前爬，感觉一下脚是不是完全帮不上忙，只能拖在后面？海豹就是这样的，只能靠两条前腿和身体向前蠕动，一点点地挪，所以它在陆地上非常笨拙。

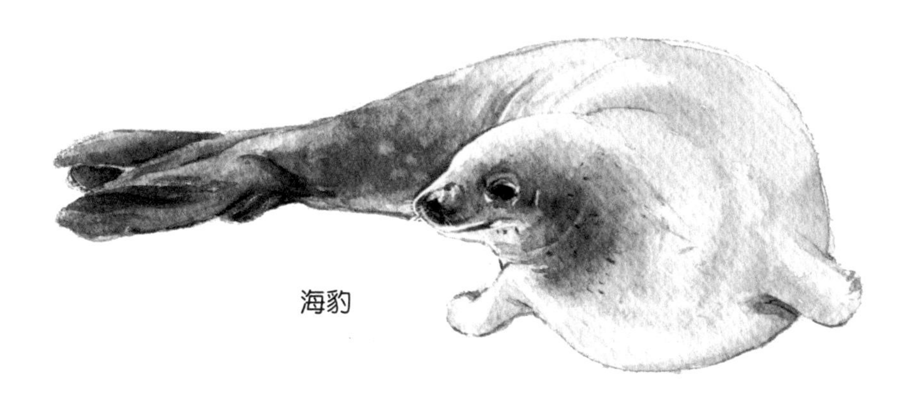

海豹

海狮和海狗就不一样了，它们的两条后腿可以分开，也可以向前，能承担一部分行走的功能。所以它们上岸之后可以挺胸抬头，甚至还可以奔跑。它们的两条前腿撑地，然后两条后腿跟上来，就跑起来了，比海豹灵活多了。

怎么区分海狮和海狗呢?

其实海狗是海狮下属的一类。海狮科分为两个亚科，一个是海狮亚科，一个是海狗亚科。所以说海狗是海狮也不算错。海狗还有一个名字叫毛皮海狮，为什么呢？因为海狗的皮毛比较浓密、油亮。但是光从皮毛来辨别它们也不容易，因为我们很难一眼就看出来谁的皮毛更好。

我一般会通过观察它们的鼻子来区分它们。海狮的鼻子像大黄狗一样，比较突出；海狗的鼻子很短，大脑门下边只有一个短短的小鼻子尖儿。但是科学的区分方法还要看一些其他的特征。比如北半球有两种动物，北海狗和北海狮，它们长得很像，而且经常生活在一起。那么怎么区分它们呢？

海狮

正确的方法是看它们的后脚脚趾。北海狗的后脚脚趾基本上一样长，而北海狮的后脚脚趾中，靠外的脚趾长于中间的三个脚趾。这个特征很难看出来，你不会认的话也没关系，能分清楚海象、海豹和海狮这三类，就已经很不错了。如果你认不出海狗，记住海狗也是海狮大家族里的一员就可以了。

海狗

另外还有一点也可以帮助我们辨认：海洋馆或马戏团会用一种动物顶球、拍手，或者跟小朋友亲嘴，这就是海

在海滩礁石上玩耍的海狮

狮！海狮的后腿和整个身体都比较灵活，可以做很多动作。

海洋馆也有训练海象表演的，我看见过海象跟着饲养员一起做仰卧起坐。但是几乎没有训练海豹的，因为海豹的身体太笨拙，做不了什么动作。

但是，这种表演对动物不太好，它们往往要受到一些虐待式的训练，才能完成这些动作。所以大家要知道，逐渐废止这类动物表演，才是善待动物。

我的自然观察笔记

小朋友，读完本节内容，你能分清海豹、海狮、海狗和海象了吗？作为“小博物学家”，请你向家人讲解一下它们的不同吧！

讲解完毕后，请在下方空白处将你最喜欢的一种动物画下来吧！

怎么会有五颜六色的宠物呢？

我们去花鸟市场，能看到各种各样五颜六色的小动物，有一些小动物的颜色过于鲜艳，不自然，会让人感到疑惑：这个颜色到底是真的还是假的。

有一些动物的颜色是我们一步一步地通过选育培育出来的，如金鱼。野生金鱼的祖先是鲫鱼，鲫鱼黑乎乎的，很难看。但是人类发现了金鱼的天然变异个体，经过培育，一步一步地稳定下来，就有了各种各样五颜六色的金鱼。还有一些鱼类没有经过人工培育，它们天生颜色绚丽，比如一些热带鱼，它们本来就是那么漂亮！我们可以尽情地欣赏、赞叹这些动物。

但是宠物市场上确实也有一些宠物，它们的颜色是经过人为染色的。你买了这种宠物之后，它活不了多长时间，而且它身上的颜色也会褪掉，不能一直保持。

常见的人为染色的宠物有哪些？

有一些小动物常被商家染色后售卖，你如果看到，一定要仔细观察。

宠物市场上比较常见的六角恐龙（当然它不是恐龙）就是常被人为染色的一种动物，它的学名是墨西哥钝口螈，是一种蝾螈。它生活在水里，脑袋后边有六个犄角（其实是外鳃），看上去确实很像小恐龙。

墨西哥钝口螈最初被用作实验动物，像小白鼠一样，被拿来做科学实验。后来人们发现它很好养，就培育了大量的墨西哥钝口螈，并以“六角恐龙”的名字放到宠物市场上售卖。

六角恐龙天然的颜色有三种：

第一种是黑色，也叫原色。六角恐龙在野外的时候是黑色的，但是黑色不好看，所以市场上很少见到黑色的六角恐龙。

第二种是白色，这是市面上最常见的六角恐龙的颜色。

第三种是金黄色，这个颜色是六角恐龙自己变异出来的，也是自然的体色。

这三种颜色的六角恐龙是可以买的。

但市场上还有一些红色、绿色或蓝色的六角恐龙，这样的就不要买了，它们都是经过人为染色的。商家挑出白色的六角恐龙，用针管把颜料打到它体内，或者把它整个泡在颜色鲜艳的颜料里，过一会儿它的身体就会被染成彩色的了。

我的同事曾经买过这种染色的六角恐龙来研究，想给它们拍照。就在准备拍照的过程中，他发现有颜料从这些染色的六角恐龙的肛门中流出，蓝色的六角恐龙就往外流蓝水，红色的六角恐龙就流红水。也就是说，六角恐龙会把人为打进去的颜料排出体外。这是动物的一种自我保护机制。

这种被染色的个体养一段时间之后，颜色就会褪掉。有时候市场上那些放染色六角恐龙的盆里的水也变成了彩色，说明六角恐龙在还没卖出去的时候就已经开始掉色了。所以这样的六角恐龙不要买。

经常被人为染色的动物还有白玉蜗牛。白玉蜗牛是非洲的一种巨型蜗牛，原名叫非洲大蜗牛或褐云玛瑙螺。它原产自非洲，最初是作为食物被引进到中国的。我们在吃西餐时，有时候会吃到非洲大蜗牛。

白玉蜗牛

现在白玉蜗牛也被当作宠物卖。人工培育的白玉蜗牛的肉是白色的，个头儿特别大，很可爱。但是并不是谁都喜欢养蜗牛，所以它也不是那么畅销。有一些商贩为了吸引人的眼球，就在蜗牛体内注入颜料，或者喂蜗牛一些带颜料的食物，让蜗牛变成彩色。

凡是被染色的蜗牛都会受到颜料的伤害，身体都不会太好。而且商贩为了追求视觉冲击，经常将白玉蜗牛染成特别艳俗的颜色。所以从审美角度来说，染色蜗牛的审美价值也有限，要买的话，更推荐买白色的白玉蜗牛。

还有一类常被染色的动物就是鱼类，比如彩虹精灵。彩虹精灵的身体是白色的，后背常被染成荧光粉色、荧光蓝色或荧光绿色等。这种鱼其实是人们用颜料给一种热带鱼——黑裙鱼染色之后得到的，这种染色鱼也不要买。

另有一种像玻璃一样透明的鱼叫双边鱼，我们常看到它的脊背上有一条荧光色的条带，条带的颜色有荧光粉色、荧光黄色、荧光绿色等。其实，它本来是全身透明的，之所以呈现荧光色，是人们从它的后背上注射颜料或者用激光给它染色造成的。染完色后，为了更好地推销，给它取名为“七彩玻璃”。

七彩玻璃

怎样用激光给小鱼染色呢？

把小鱼放在一盆颜料水里，再用激光照射它，想在哪里染色就照射哪里；激光照射的地方会产生一些细微的伤口，颜料就会从伤口侵入，给小鱼染上颜色。这种“七彩玻璃”在我小时候，也就是20世纪90年代，街面上经常能见到，现在比较少见了。

现在比较常见的染色鱼是一种叫“血鹦鹉”的鱼。正常的

血鹦鹉身上应该是没有花纹的，但是市面上有一种血鹦鹉，它的身上通常有“恭”“喜”“发”“财”等字。

这肯定不是鱼自己长的，是人们用针管注射颜料做出来的。这样的做法不仅对鱼是一种伤害，而且非常俗气，也不是一种正常对待宠物的态度，更不是正常的审美。

血鹦鹉

还有一些露天市场会卖刚出壳不久的小鸡、小鸭。在我小时候这些小鸡、小鸭都是黄色的，等我长大之后发现，有些人把这些小鸡、小鸭染成绿色的、粉色的。这样的做法对动物的伤害就更严重了。商家是怎么给小鸡、小鸭染色的呢？

他们直接把小鸡、小鸭扔在大盆里，倒进颜料，用手搅拌，让它们身上沾满颜料。这样会严重伤害它们。小朋友如果直接用手玩，它们身上的颜料也会粘到手上，这样对身体也不好。

所以大家在挑选小动物时一定要擦亮眼睛，不要买染色的动物，染色对动物和人类都有害。

我的自然观察笔记

小朋友，自然界中有很多天生颜色就很鲜艳的动物，请选出三种不同颜色的动物，将它们画在下方空白处吧！

难道鱼也分地盘？

不同的鱼生活在水里的不同区域。钓鱼时，鱼饵在水中的位置不同，钓上来的鱼也不一样。水中的鱼是怎么分布的呢？水的上层、中层和下层都有什么鱼呢？

我们在观察鱼的时候，可以注意鱼的一个重要部位，就是它的嘴。你只要看鱼的嘴，就能知道这种鱼生活在水里的哪一层。经过漫长的演化，鱼已经划分了非常明确的生活区域，比如有的鱼占领水的上层，贴着水面活动，有的鱼就在水的中间层活动，还有的鱼就在水的底层贴着沙子或泥活动。这样各种鱼互不干扰，也不会抢彼此的食物，可以相安无事。

如何通过鱼嘴判断鱼是上层鱼、中层鱼，还是下层鱼呢？

如果鱼嘴开口朝上，嘴巴几乎长到了脑门上，或者鱼张嘴的时候冲着天，那么这种鱼肯定是上层鱼。它的食物一般都在水面上，比如掉到水面上的小虫子，或者水面上的一些藻类、浮萍。它的嘴朝上张开就可以喝表层的水，同时把食物吸到嘴里。

什么鱼是上层鱼呢？孔雀鱼。很多人的家里都养孔雀鱼作为观赏鱼。要是家里没养的话，你也可以去花鸟市场看一看，孔雀鱼的嘴就是朝上开口的。

哪些鱼是中层鱼呢？比如我们吃的金枪鱼就属于中层鱼。中层鱼的嘴长得不靠上也不靠下，在正中间的位置，开口朝前。

底层鱼的嘴开口朝下，这样它可以吃泥沙里的食物。哪些是底层鱼呢？比如泥鳅和鲤鱼。你观察它们的嘴，会发现开口都朝下的。

有人会说，公园池塘里养着很多锦鲤，人一撒饲料，它们全都聚到水面上吃饲料，这不是上层鱼吗？我们要知道，被人投喂饲料不是鲤鱼的正常生活状态，在大自然里没有人给鲤鱼撒饲料。你可以观察一下，在没有人撒饲料的时候，这些锦鲤是怎么吃东西的。它们会到水底吃一口泥，只把里边能吃的东西吃进去，然后再把其他东西吐出来。这就说明它们是一种底层鱼。

不同鱼类生活在不同的水层

人们常说“四大家鱼”，指的是我国四种著名的淡水鱼，从古至今，深受人们的喜爱。哪四种鱼呢？“青草鲢鳙”，即青鱼、草鱼、鲢鱼和鳙鱼。在中国，这四种鱼已经成功实现大规模混养，其实就因为我们研发了一种特别科学、有效的养殖方法。这种养殖方法跟鱼的分层有关。

我国是如何混养四大家鱼的呢?

人们经过长期的观察，发现这四种鱼不用分四个池塘养，可以把它们全都养在一个池塘里。因为这四种鱼在自

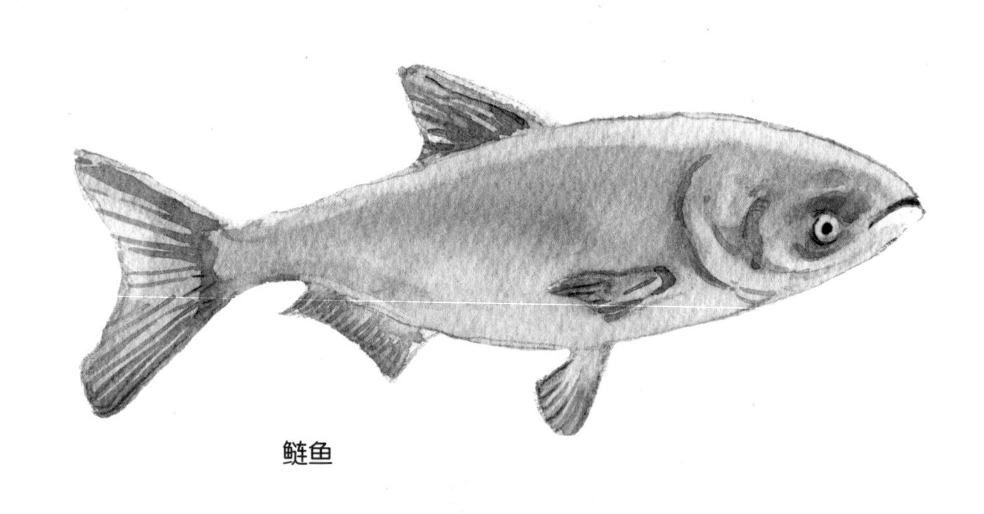

鲢鱼

然界里就分上、中、下三层生活，每种鱼都在自己的那一层活动，所以混养在一起也互不干扰。

上层是什么鱼呢？鲢鱼和鳙鱼。鲢鱼是白鲢；鳙鱼，我们叫花鲢或者胖头鱼。我们吃的鱼头泡饼里的大鱼头就是鳙鱼的鱼头。鲢鱼和鳙鱼的嘴有点儿“地包天”，凡是这种“地包天”的鱼一般都属于上层鱼。它们吃靠近水面的一些藻类和浮游生物，所以它们在鱼塘里也是分布在水的上层。

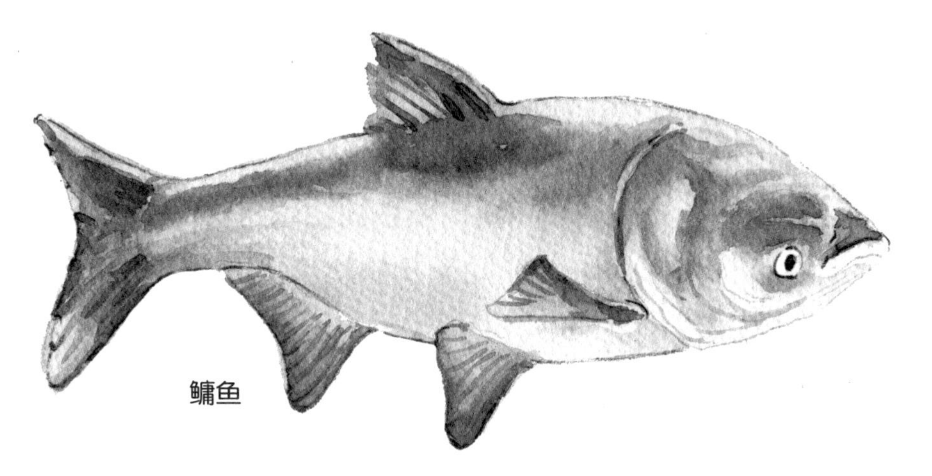
鳙鱼

中层是什么鱼呢？草鱼。草鱼的嘴位于头的中间，它不是很靠上，也不是很靠下，不过它稍微有一点儿“地包天”。草鱼待在水的中上层，以水草为食。

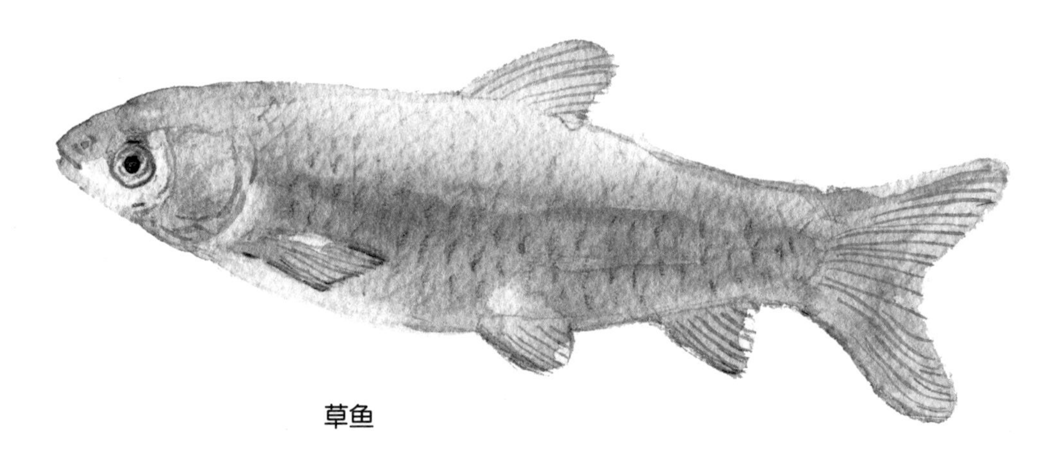

草鱼

底层是什么鱼呢？青鱼。青鱼还有一个名字——螺蛳青。螺蛳就是我们吃的田螺，青鱼吃田螺，所以叫它螺蛳青。

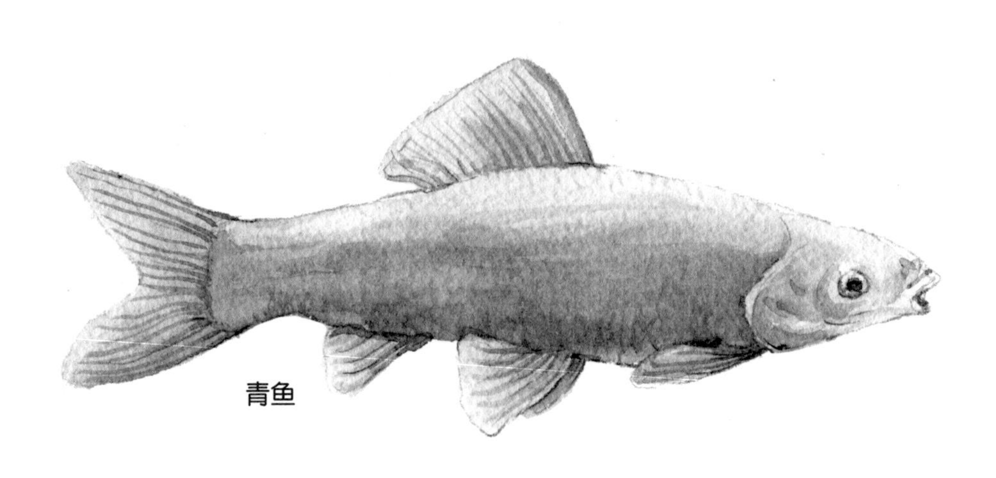

青鱼

上层是鲢鱼和鳙鱼，中层是草鱼，底层是青鱼，把它们按照一定的比例混养在一个池塘里，就可以充分利用池塘的空间，养殖的效率也会非常高。这种养殖方法在宋代就已经成熟了。四大家鱼的混养是中国人的一项发明。

你可能要问了：鲤鱼那么有名，为什么四大家鱼里没有它？其实中国很早就开始养鲤鱼，而且很普遍。但是到了唐朝，因为唐朝的皇上姓“李”，“李”和鲤鱼的“鲤”是谐音，吃“鲤”就像是吃“李”，所以皇上就下令，不许人们养鲤鱼。老百姓为了寻找鲤鱼的替代品，发掘出了四大家鱼，加上四大家鱼肉多、刺少，味道鲜美，容易养殖，完全替代了鲤鱼的地位，所以四大家鱼里就没有鲤鱼了。

鲤鱼也属于下层鱼，和青鱼一样位于鱼塘的底层，吃底层泥沙里的东西。

以上就是我们通过观察鱼嘴来分辨鱼在水的哪层生活的方法。当然这个方法也不是百分之百准确，一般的鱼可以这么分，但是也有一些例外。小朋友们不要把这个技巧当成唯一的标准，还是要多了解鱼其他方面的知识，这样才能对鱼的生活环境有准确的判断。

我的自然观察笔记

小朋友，跟家人去花鸟市场时，请按照书中所说的方法去观察，看看哪些鱼是上层鱼，哪些鱼是中层鱼，哪些鱼是下层鱼。

观察完毕后，请在下方的分层图中画出不同种类的鱼，并将鱼的名字写在旁边吧！

上层鱼：

中层鱼：

下层鱼：

箭毒蛙的毒是哪里来的？

2016 年，北京出入境检验检疫局截获箭毒蛙活体，这件事当时在网上引发了大家的讨论。箭毒蛙含有剧毒，很多人担心如果它们被引入中国，并在野外繁殖起来，那岂不是很危险？

其实，大家产生这样的想法是因为对箭毒蛙不够了解。

箭毒蛙是对南美洲一类体型很小的青蛙的统称。这类青蛙有的非常小，大约有成人的一个手指节那么长，可是非常漂亮。不同种类的箭毒蛙的颜色也不一样，有金属蓝色的、黄色的、红色的还有绿色的，而且身上还有各种各样你根本想象不到的花纹，好看极了。

很多种类的箭毒蛙身上的黏液都是有毒的。南美洲的土著居民抓到箭毒蛙后，会把箭头在它身上抹一抹，使箭头沾上黏液，再去射野兽，这样野兽就会中毒而死。箭毒蛙的名字就是这样来的。

箭毒蛙的毒是从哪里来的呢?

箭毒蛙的毒并不是它自己产生的，而是来源于它吃的食

各种颜色的箭毒蛙

物。箭毒蛙在热带雨林里会捕食一些有毒的小虫子，这些小虫子本身毒性并不是很强，但是小虫子的毒素会在箭毒蛙的身体里累积起来，最后就变成了很强的毒素。箭毒蛙为了防止自己中毒，会把毒素分泌到表皮上，这样也能保护自己。如果天敌碰到了它，天敌就会中毒。这是一种很聪明的生存策略。

我们知道了箭毒蛙的毒来源于它的食物，那么如果我们喂箭毒蛙无毒的食物，它是不是就不带毒了？带着这个猜想，人们开始饲养箭毒蛙，喂它一些没有毒的食物，比如人工繁育的小蟋蟀或小果蝇。

蓝色型染色箭毒蛙

结果，人工饲养的箭毒蛙身上的毒性真的消失了，而且它们的后代也没有毒了。所以现在在国外有很多人工繁育的箭毒蛙，它们都没有毒，是非常受欢迎的宠物。

箭毒蛙为什么能成为宠物呢?

第一，用来当宠物的箭毒蛙完全是人工繁育的，没有破坏野外的种群。第二，它没有毒。第三，它依然像野外的祖先一样漂亮，而且体型小，不需要很大的地方。所以它在欧洲、美国是受欢迎的宠物，而且喂养它们是合法的。

当时北京出入境检验检疫局为什么把箭毒蛙扣下来呢？因为大部分箭毒蛙都被列入了《华盛顿公约》附录二，受《华盛顿公约》的保护。前面讲过，《华盛顿公约》附录二里的物种不能随便买卖。中国也加入了这个公约，所以只要是列入《华盛顿公约》附录二中的物种，就自动被当成中国的国家二级保护动物；即使中国没有这种动物，也会把它当成国家二级保护动物来对待。因此，把箭毒蛙从美国卖到中国，必须要有合法的手续。如果没有合法手续，就会被扣下来。

假如箭毒蛙进入中国，会不会变成外来入侵物种呢？

这个也不可能。因为箭毒蛙对环境的要求很高，箭毒蛙生存的首要条件是空气湿度特别大，温度不能高。中国南方湿度大，但夏天的气温能达到40℃，箭毒蛙受不了这种高温。在北方，冬天它又会被冻死。所以箭毒蛙就算逃到中国野外，它也活不下来。大家不用担心它会成为入侵物种。

另外，箭毒蛙的繁殖也很有意思，很多箭毒蛙平时是生活在地面上的，但是热带雨林的地面上很少会有小池塘。雨林里虽然经常下雨，但是雨水马上就会流走，流到河里去，所以地面上很少有积水。箭毒蛙的蝌蚪需要在水里生长，怎么办呢？有些箭毒蛙就想了一个办法，让蝌蚪生活在积水凤梨上。

积水凤梨和我们吃的菠萝是亲戚，它是用根抓住大树的树枝，固定在大树上生长。这种植物可以保存水。它的叶片长成像莲花一样的形状，中间聚拢成杯子状。下完雨之后，雨水就顺着叶片流到中间的位置，储存在中间的杯状结构里。

积水凤梨存的这一汪水，既给自己使用，也成为一些动

积水凤梨

物生存的关键，其中就包括一些种类的箭毒蛙。最著名的就是草莓箭毒蛙，这种箭毒蛙的身体颜色红蓝相间，红色的部分有点儿像草莓。

草莓箭毒蛙

草莓箭毒蛙平时生活在地面上，母蛙会把卵产在地面的枯叶上。等卵孵化成蝌蚪后，蝌蚪用嘴吸住母蛙的后背，母蛙就背着蝌蚪，挑一棵大树开始往上爬。箭毒蛙非常小，只

有人的一个手指节那么大，而热带雨林的大树都是非常高的，所以这就相当于人类的妈妈背着小朋友向摩天大楼的顶端爬，很辛苦。母蛙最后爬到积水凤梨上边，把蝌蚪甩到积水凤梨中间的积水里，蝌蚪就靠着这些积水生活。母蛙每次只能背一只蝌蚪，所以蛙妈妈会反复地爬上爬下，直到把全部蝌蚪都放入积水凤梨中。

蝌蚪都放好之后，积水里没有食物，怎么办呢？草莓箭毒蛙会在水里产卵，这些卵是没有受精的卵，孵化不出蝌蚪。这些卵是专门供小蝌蚪吃的。蝌蚪们吃着这些卵，慢慢长大，变成箭毒蛙，然后爬出积水凤梨。

人工饲养箭毒蛙时，也会在玻璃缸里种一些积水凤梨，让箭毒蛙用它养蝌蚪，有的人也会用椰子壳或小玻璃杯代替积水凤梨。

在国外，箭毒蛙是非常成熟的宠物，但是国内因为《华盛顿公约》的限制，养箭毒蛙的人非常少。再上箭毒蛙对生存环境的要求特别高，夏天怕热，冬天怕冷，所以中国很多地区的环境都不太适合养。大家了解箭毒蛙的知识就好了，暂时不要去养。如果中国有了合法又便宜的箭毒蛙产业，我们也可以试着养这样一个美丽又可爱的小家伙。

春末夏初，在公园的池塘里常能看到黑色的小蝌蚪，这就是青蛙的幼体。小朋友，等爸爸妈妈带你去公园玩的时候，留心观察一下池塘里的黑色小蝌蚪。

回家后，在下方空白处将小蝌蚪画出来吧！

图书在版编目（CIP）数据

小亮老师的博物课．深不可测的水生动物 / 张辰亮著 ; 单菁菁等绘． — 成都 : 天地出版社， 2021.3
ISBN 978-7-5455-6168-5

Ⅰ．①小… Ⅱ．①张… ②单… Ⅲ．①博物学－儿童读物②水生动物－儿童读物 Ⅳ．① N91-49 ② Q958.8-49

中国版本图书馆 CIP 数据核字（2020）第 246473 号

XIAOLIANG LAOSHI DE BOWU KE:SHENBUKECE DE SHUISHENG DONGWU

小亮老师的博物课：深不可测的水生动物

出品人 陈小雨 杨 政
作 者 张辰亮
责任编辑 赵 琳 张芳芳
美术编辑 彭小朵 李今妍
封面设计 彭小朵
责任印制 董建臣

出版发行 天地出版社
（成都市槐树街 2 号 邮政编码：610014）
（北京市方庄芳群园 3 区 3 号 邮政编码：100078）
网 址 http://www.tiandiph.com
电子邮箱 tianditg@163.com
经 销 新华文轩出版传媒股份有限公司

印 刷 北京博海升彩色印刷有限公司
版 次 2021 年 3 月第 1 版
印 次 2021 年 9 月第 9 次印刷
开 本 710mm×1000mm 1/16
印 张 7
字 数 48 千字
定 价 39.80 元
书 号 ISBN 978-7-5455-6168-5

咨询电话：（028）87734639（总编室）
购书热线：（010）67693207（营销中心）